像天空一样美丽

鸟的艺术笔记

〔法〕布封 著

〔法〕弗郎索瓦-尼古拉·马蒂内 绘

陈晔 编

人民文学出版社

PEOPLE'S LITERATURE PUBLISHING HOUSE

橙翅亚马逊鹦鹉

橙翅亚马逊鹦鹉

冬鷦鶹

斑莺，体长约 14 厘米。通常情况下，莺的全身体羽颜色比较统一，也很单一，但是该鸟在胸部有些许黑色斑纹。其他身体部位主要呈褐色，颜色深浅不一。斑莺喜欢在草原上筑巢，一般将巢筑在脚印里，或是长得茂盛的植物上，当人类走近它们的时候，它们会悄悄地待着一动不动。该鸟在意大利十分常见，在法国南部省份也有其身影出现。

苇莺，体长约 14 厘米。和黄莺一样，苇莺一般在春季炎热的夜晚鸣叫。它们喜欢在芦苇中、灌木丛中、沼泽中间及水边低矮的灌木中筑巢。夏天时，苇莺会从自己的巢穴飞出，在飞行中捕食那些在水面上飞行的昆虫。苇莺有一个奇怪的特点，就是当我们用手去触摸幼鸟（哪怕没有长毛），甚至靠近它们，它们会慢慢移动离开巢穴，表示不让接近或者触碰它们。

棕莺，体型纤细瘦小，嘴细小。其身体主要呈棕色，腹部颜色偏浅，尾羽颜色偏褐。主要栖息在林区、灌木丛、沼泽地及水边植物丛等多种环境中，以昆虫为食，常在飞行中捕食。其鸣叫声尖细，且十分悦耳。绝大部分的莺分布在旧大陆地区，只有少数品种的莺分布在美洲地区。

La Fauvette
tachetée

La Fauvette
des roseaux

La Fauvette
rousse

中国鸫鸪

卡宴栗腹鹭

非洲黑鹂

好望角带冠翠鸟，中型
水鸟。嘴粗直，长而坚，
嘴脊圆形。头大颈短，
翼短圆。头顶具灰黑色
羽冠，全身羽翼多为黑
灰色，间有白色细小斑
纹，腹部具小块棕黄色
羽翼。主要栖息于有灌
丛或疏林、水清澈而缓
流的小河、溪涧、湖泊
和灌溉渠等水域。多分
布在好望角一带。食物
以小鱼为主，兼吃甲壳
类动物和多种水生昆虫
及其幼虫。

Martin-pêcheur hupé du Cap de Bonne-Espérance

纽约黄雀

交趾支那蓝翅叶鹎

戴菊

Héron bleuâtre, de Cayenne

卡晏小蓝鹭，小蓝鹭，为鹭科、白鹭属。体型中等，体长95–105厘米。头部羽毛呈蓝色，颈部呈棕紫色。身体的其余部分一律暗灰蓝色。嘴向下稍微弯曲，嘴基较大，为深灰色。喙基处和眼睛周围有裸露的灰绿色皮肤。主要栖息于内陆湿地、浅水沼泽、池塘、湖泊、水田和稻田。主要是以水生节肢动物为食，也吃小鱼、甲虫、蟋蟀、蚱蜢和蜘蛛等。主要分布在北美洲、中美洲与南美洲等地。

伯劳

法国黍鹀

古巴红鹦鹉

卡宴锡嘴伯劳，嘴形大而强，尖端钩曲，嘴须发达，略似鹰嘴；头顶有一顶似黑色帽子的羽毛，颈后一道白色的细环羽延伸至前面的颈部和胸部，同时有一道黑色的布带羽自胸部延伸至身体上部。翅短圆，为锡色，兼有些许黑羽，呈凸尾状；脚强健，趾有利钩；性情凶猛，以各种小动物为食，善于采取突然袭击的方式捕食，有"屠夫鸟"之称。

Barbu à Gros-bec de Cayenne

圣多曼格阔嘴短尾鸫

卡宴短尾鸫

圣多曼格阔嘴短尾鸫

金吉红头鹦鹉

巴西白须娇鹟

卡晏绯红冠娇鹟

Le Grand aigle ou l'aigle Royal

金雕，别名金鹫、老雕、洁白雕、鹫雕，以其突出的外观和敏捷有力的飞行而著名。成鸟的翼展平均超过 2 米，体长可达 1 米，其腿爪上全部都有羽毛覆盖着。它们栖息于高山草原、荒漠、河谷和森林地带，冬季亦常到山地丘陵和山脚平原地带活动，最高海拔高度可到 4000 米以上。白天常见在高山岩石峭壁之巅，以及空旷地区的高大树上歇息，或在荒山坡、墓地、灌丛等处捕食，它们以大中型的鸟类和兽类为食。分布在北半球温带、亚寒带、寒带地区。

塞内加尔鸦鹃

波旁岛蜡嘴鸟

路易斯安那州蜡嘴鸟

塞内加尔林区翡翠

摩鹿加凤头鹦鹉，又名鲑色凤头鹦鹉，为鹦形目、凤头鹦鹉科鸟类。它们是印度尼西亚东部摩鹿加群岛及其附近小岛的特有鸟种，是鹦鹉中体型最大的种类，体长约 50 厘米，雌鸟比雄鸟略大。羽毛为带有淡玫瑰色的白色，翼下部覆羽多呈亮黄色，头顶有冠，面临威胁时会将头冠竖起以震慑敌人。其叫声喧闹，善模仿，在自然环境下常栖息于海拔 1000 米以下的森林中，主要以谷物、坚果和浆果为食，偶食昆虫，通常单只、成对或集小群活动，寿命可达 60 年。

Kakatoès, des Moluques

卡晏白额娇鹟

白喉娇鹟

巴西伞鸟

摩鹿加犀鸟

Martin-pêcheur
vert et roux,
de Cayenne

卡宴棕绿翠鸟，棕绿翠鸟分布在法属圭亚那的卡宴地区。与常见翠鸟相比，其身体略微显小。该鸟身体下部均呈深棕色；身体上部呈暗绿色，具少量淡白色斑纹。喙呈黑色，长约 5.5 厘米；鼻孔到眼睛之间有一条棕线。尾羽长度接近 7 厘米，使其看起来很长。雄鸟具有区别性特征：其胸部有一块儿白色区域，沾黑色波状纹。翠鸟主要栖息在树枝上，以小鱼为食。

好望角长尾巧织雀

马达加斯加环颈蜂虎

卡宴橙额鹦鹉

Le Jaseur, de Bohême

太平鸟，又名连雀，为雀形目、太平鸟科、太平鸟属。体长 18 – 20 厘米，翼展 32 – 35 厘米，重 40 – 68 克，体型中等，雌鸟与雄鸟形、色相同。鸟体主要为灰褐色，头部有冠，有一黑斑从眼部延伸至喉部，眼部下周有白色小斑，尾短，尖端为黄色且有黑色宽带。太平鸟分布在欧亚大陆北部和北美大陆北部的森林中，喜结群活动，多栖息于阔叶林带，喜食各种植物的种子和果实。由于受到非法鸟类贸易的威胁，它们被世界自然保护联盟视作近危物种。

卡宴白绿翠鸟

菲律宾群岛绿啄木鸟

好望角凤头鹀

塞内加尔褐鹀

中国蓝绿鹊，蓝绿鹊为雀形目、鸦科、绿鹊属。体长 36-38 厘米，头和颈呈草绿色，头顶有长的羽冠，喙和脚为红色，背部和尾部羽毛为蓝绿色。主要以昆虫为食，也吃小型脊椎动物。栖息于低山丘陵的亚热带常绿阔叶林内，也出现于落叶阔叶林、次生林、竹林、橡树林和开阔的林缘灌丛地带，有时也出现于农田地边树上。主要分布在喜马拉雅山脉、中国南部、东南亚、苏门答腊及婆罗洲等国家和地区。

Le Rollier de la Chine

卡宴绿枕唐加拉雀

卡宴红颈唐加拉雀

塞内加尔斑鱼狗

菲律宾粟喉蜂虎

波旁岛凤头鹟，其整个头部和喉部呈青灰色，顶部羽毛稍长。背部、翼羽和尾羽呈红色，初级飞羽呈褐色；其他部位呈白色。鹟鸟常栖息在各种森林等地带，善于鸣叫，飞行灵便，常在空中捕食昆虫，属于益鸟。凤头鹟分布在波旁岛等地区，且不同地区的凤头鹟在外形上存在差异。

塞内加尔凤头鹟，其整个头部、喉部及前颈呈青灰色，顶部羽毛稍长。枕部以下、背部、翼羽和尾羽呈红色，尾羽较长；其他部位呈白色。鹟鸟常栖息在各种森林等地带，善于鸣叫，飞行灵便，常在空中捕食昆虫，属于益鸟。凤头鹟分布在塞内加尔等地区，且不同地区的凤头鹟在外形上存在差异。

Gobe-mouche huppé, de l'Isle de Bourbon

Gobe-mouche huppé, du Sénégal

路易斯安那州普通拟八哥

圃鹀

卡宴黑色小杜鹃

Faisan blanc, de la Chine

中国白鹇，白鹇为鸡形目、雉科、鹇属。翎毛华丽、体色洁白，雄鸟的背部与翅膀是白色，腹部与颈部为蓝黑色，面部、肉冠与足部呈红色。雄白鹇体长约 120 厘米，尾部的长羽有 60 厘米，体重可达 2000 克。其主要栖息地为中国南方地区的中海拔森林。白鹇不擅飞行，多在地表结群活动，夜晚栖息于树枝上。因人为开发山坡地导致栖息地面积缩减，但总体来说，其族群数量并未受到太大影响。白鹇在中国文化中自古即是名贵的观赏鸟，此外，它还被评选为广东省的省鸟。

西伯利亚北噪鸦

林岩鹨

卡宴白绿翠鸟

疣鼻天鹅，别名瘤鼻天鹅、哑音天鹅、赤嘴天鹅、瘤鹄、亮天鹅、丹鹄。体长125-150厘米，嘴为红色，前额有一块瘤疣的突起，颈修长，全身羽毛为白色。疣鼻天鹅在白天觅食，主要吃水生植物的叶、根、茎、芽和果实，晚上栖息于开阔湖泊、河湾、水塘和沼泽等地。繁殖期为3-5月，在水塘的芦苇中用蒲草茎和叶筑巢，雌鸟孵卵，雄鸟警戒。分布在欧洲、北非、亚洲中部与南部。

Le Cigne

卡宴大冠蝇霸鹟

沼泽鹞

卡宴灰喉裸鼻雀

圭亚那火冠黑唐纳雀

中国小八哥，体型与云雀相似，翼展约27厘米；静止时，翼羽尖端长至尾中位置。头顶部羽毛较长，可以耸起，形成凤冠。眼睛后部有一小块粉红色，喙基部至两侧脸颊有黑色线条，看起来很像人的"胡子"。上体主要呈褐色，包括头、双翼和凤冠，但是翼侧四根箭羽末梢呈白色。下体呈白色，胸部上方有褐色斑纹。尾部沾粉红色，颜色较浅。

Le petit Merle huppé, de la Chine

赤颈鹤

波旁岛姬鹛

马达加斯加姬鹛

卡罗莱纳长尾鹦鹉

雪鸮，又名白鸮、雪猫头鹰、白夜猫子，是鸱鸮科的一种大型猫头鹰，多为昼行性鸟类。体长约为 50-71 厘米，头圆而小，面盘不显著，没有耳羽簇。它的羽色非常美丽，通体为雪白色，有的时候布满暗色的横斑。它们栖息于冻土和苔原地带，也见于荒地丘陵，以鼠类、鸟类、昆虫为食。它们生活在北极地区，分布在加拿大、中国、法罗群岛、芬兰、格陵兰、冰岛、日本、哈萨克斯坦等国家。雪鸮是加拿大魁北克的省鸟。

Le Harfang

东印度群岛鹩哥

南方锥尾鹦鹉

卡宴灰纹鹟

Serin de
Mozambique
mâle

Sa femelle

莫桑比克黄额丝雀，雄鸟、雌鸟，黄额丝雀，俗称金青、石燕、大金黄等，为雀形目、燕雀科。体长 11-13 厘米。原产于撒哈拉沙漠以南的非洲地区。成年雄鸟的背部呈绿色，双翼和尾部呈棕色。头部呈黄色，颊骨有黑色的条纹。雌鸟与雄鸟相似，但是头部和下身的颜色较浅。它们常栖息于开阔的林地和种植园。由于世界性鸟类贸易的盛行而被引入毛里求斯、波多黎各、留尼汪、塞舌尔和美国等地。

卡宴田鹨

卡宴红胸姬鹟

好望角橄榄鹎

好望角秃鹮，秃鹮为鹮科、
隐鹮属。鸟冠及嘴为红色，
嘴长而且向下弯。面部呈白
色，与头部一样没有羽毛，脚
呈橙色。身体其他部位均为
蓝色。秃鹮是群居性的，喜
欢栖息在干旱的环境。会在
岩石间及山崖边的地盘繁殖，
每次会产 2-3 只蛋，孵化期
为 21 日。它们主要吃昆虫
及其它细小的动物。分布在
非洲中南部地区，包括阿拉
伯半岛的南部、撒哈拉沙漠
（北回归线）以南的整个非洲
大陆。被世界自然保护联盟
列为易危动物。

Courly à tête nue, du Cap de bonne—Espérance

卡宴灰鸟

苍鹰（幼鸟）

阿比西尼亚大犀鸟

La Coquillade

贝壳鸟，为雀形目、百灵科。喉部和整个身体下部为灰白色，颈部和胸部有黑色点斑，头顶的冠状羽毛为灰黑色。以昆虫为主食，比如毛虫、蚱蜢，也吃蜗牛。主要分布在欧洲大陆。

巴西鵣鴉

无花果莺

马达加斯加凤头林鹛

Coucou tacheté de Cayenne

卡宴纵纹鹃，纵纹鹃是杜鹃科纵
纹鹃属的鸟类。体长约 27 厘米。
成鸟上体呈灰棕色，有黑色和
浅黄色的条纹。尾巴为栗色且
长。下体有灰白色。幼鸟有浅
黄色斑点，且背部和翅膀更具红
褐色。常栖息于野外树木、灌
木和红树林中。它是美洲极少
数雏寄生杜鹃之一。往往从地
上攫取大型昆虫吃。性孤僻胆
小，经常藏身于灌木丛中。会在
宽阔的栖息地歌唱，叫声特点为
"wu-weee" 或 "wu-wu-wee"。
分布在中美洲、南美洲。

普罗旺斯桔黄丝雀

普罗旺斯欧洲丝雀

好望角蛇鹫

卡宴唐加拉林雀

Carouge du Mexique

Carouge de St. Domingue

墨西哥黑顶拟鹂，雄性、法属圣多明戈黑顶拟鹂，雌性，黑顶拟鹂，为雀形目、拟鹂科。体长约21厘米。
全身大致由黄、黑两色组成。雄鸟羽色比雌鸟鲜艳，喉部、喙、喙至眼、翅羽、尾羽和脚为黑色，
其余部分为艳丽的黄色。雌鸟翅膀的小部分羽毛、腿、腹部至尾部都是黄色，其余部分为黑色。
栖息于稀疏的树林、林子边缘、棕榈树林、咖啡树和柑橘树种植园，也会出现在种植了棕榈树的
公园。分布在北美地区和中美洲，包括墨西哥、法属圣多明戈、美国、加拿大、格陵兰、百慕大群岛、
圣皮埃尔和密克隆群岛、危地马拉、洪都拉斯、拿马、巴哈马、古巴、海地等国家和地区。

普罗旺斯粟耳鹀

卡宴须黄腰霸鹟

勃艮第粉红椋鸟

大杜鹃，为杜鹃科鸟类，是农村家喻户晓的"布谷鸟"。体形大小和鸽子相仿，但较细长，上体暗灰色，腹部布满了横斑。脚有四趾，二趾向前，二趾向后。栖息于开阔林地，特别在近水的地方。常晨间鸣叫，每分钟 24—26 次，连续鸣叫半小时方稍停息。叫声特点是四声一度——"布谷布谷，布谷布谷"。性懦怯，常隐伏在树叶间。飞行急速无声。不自营巢，而把卵置于其它鸟类的巢内。取食鳞翅目幼虫、甲虫、蜘蛛、螺类等。

Le Coucou

加拿大灰莺雀

卡宴橄榄绿莺雀

白腰杓鹬

普罗旺斯田鹨

Oye, de Guinée

几内亚鸿雁，鸿雁为鸭科、雁属。体型较大，体长约 90 厘米。身体呈浅灰褐色。嘴呈黑色，头顶到后颈呈暗棕褐色，前颈接近白色。主要栖息于开阔平原和平原草地上的湖泊、水塘、河流、沼泽及其附近地区。以各种草本植物的叶、芽，以及陆生植物和水生植物、芦苇、藻类等植物性食物为食，也吃少量甲壳类和软体动物等动物性食物。主要分布在中国、西伯利亚南部、中亚等地，在朝鲜半岛和日本越冬。

卡宴黑杜鹃

阿尔卑斯鸫

高山乌鸫

好望角鸡冠鹟、好望角白鸡冠鹟

鹟为雀形目中的一种鸣禽，体长约 15 厘米，翼展 23－25 厘米，重 13－19 克，体型小，体羽较多样化，善鸣叫，嘴扁平，翅尖长，善在空中捕食昆虫。鹟科遍布于除北极以外的东半球，以热带及亚热带地区的种类最为丰富。好望角鸡冠鹟的典型特征为其头部类似鸡冠的、一直覆盖至喉部的黑色羽毛，其体型小，尾羽长，胸部为灰色并有浅黑色斑纹，腹部为白色，背、翼和尾部覆羽为橘黄色。好望角鸡冠白鹟的背、翼和尾部的覆羽颜色为白色。

Gobe-Mouche huppé, du Cap de Bonne Espérance

Gobe-Mouche blanc huppé, du Cap de Bonne Espérance

法兰西姬鹟

路易斯安那州多米尼克带冠红雀

夜莺

福克兰群岛国王企鹅，国王企鹅别名王企鹅。体长90厘米～100厘米，重15～16千克。嘴巴细长，头上、嘴、脖子呈鲜艳的桔色，且脖子下的桔色羽毛向下和向后延伸，前肢发育成为鳍脚，羽毛呈鳞片状。国王企鹅步行略显笨拙，但可将腹部贴于冰面，双翅滑雪以躲避敌害。它们成群栖息于海水养分充足的南极幅合带，食物以甲壳类动物为主，也吃小鱼和乌贼。主要分布在地极冷水和北部温水交汇的南极洲及其附近岛屿。

Le Manchot
des Isles Malouines

巴西白喉鹟鹀

卡宴灰鸟

好望角红领巧织

图书在版编目（CIP）数据

像天空一样美丽：鸟的艺术笔记 /（法）布封著；
（法）弗郎索瓦－尼古拉·马蒂内绘；陈晔编 .-- 北京：
人民文学出版社，2017

　ISBN 978-7-02-012750-4

Ⅰ . ①像… Ⅱ . ①布… ②弗… ③陈… Ⅲ . ①鸟类－
图谱Ⅳ . ① Q959.7-64

中国版本图书馆 CIP 数据核字 (2017) 第 098110 号

| 责任编辑 | 甘慧　尚飞　张玉贞 |
| 装帧设计 | 陈晔 |

出版发行	人民文学出版社
社　　址	北京市朝内大街 166 号
邮政编码	100705
网　　址	http://www.rw-cn.com

| 印　　刷 | 上海盛通时代印刷有限公司 |
| 经　　销 | 全国新华书店等 |

字　　数	7 千字
开　　本	890 毫米 ×1240 毫米 1/32
印　　张	6
版　　次	2017 年 8 月北京第 1 版
印　　次	2017 年 8 月第 1 次印刷

| 书　　号 | 978-7-02-012750-4 |
| 定　　价 | 68.00 元 |

如有印装质量问题，请与本社图书销售中心调换。电话：010-65233595